NESSRINE SOLI
KHAOULA HIDOURI
BECHIR CHAOUACHI

Estudo de viabilidade dos hidrocarbonetos como refrigerantes amigos do ambiente

NESSRINE SOLI
KHAOULA HIDOURI
BECHIR CHAOUACHI

Estudo de viabilidade dos hidrocarbonetos como refrigerantes amigos do ambiente

Para uma refrigeração sustentável

ScienciaScripts

Imprint

Any brand names and product names mentioned in this book are subject to trademark, brand or patent protection and are trademarks or registered trademarks of their respective holders. The use of brand names, product names, common names, trade names, product descriptions etc. even without a particular marking in this work is in no way to be construed to mean that such names may be regarded as unrestricted in respect of trademark and brand protection legislation and could thus be used by anyone.

Cover image: www.ingimage.com

This book is a translation from the original published under ISBN 978-3-8416-3230-2.

Publisher:
Sciencia Scripts
is a trademark of
Dodo Books Indian Ocean Ltd. and OmniScriptum S.R.L publishing group

120 High Road, East Finchley, London, N2 9ED, United Kingdom
Str. Armeneasca 28/1, office 1, Chisinau MD-2012, Republic of Moldova, Europe
Managing Directors: Ieva Konstantinova, Victoria Ursu
info@omniscriptum.com

Printed at: see last page
ISBN: 978-620-3-49129-6

Conteúdo

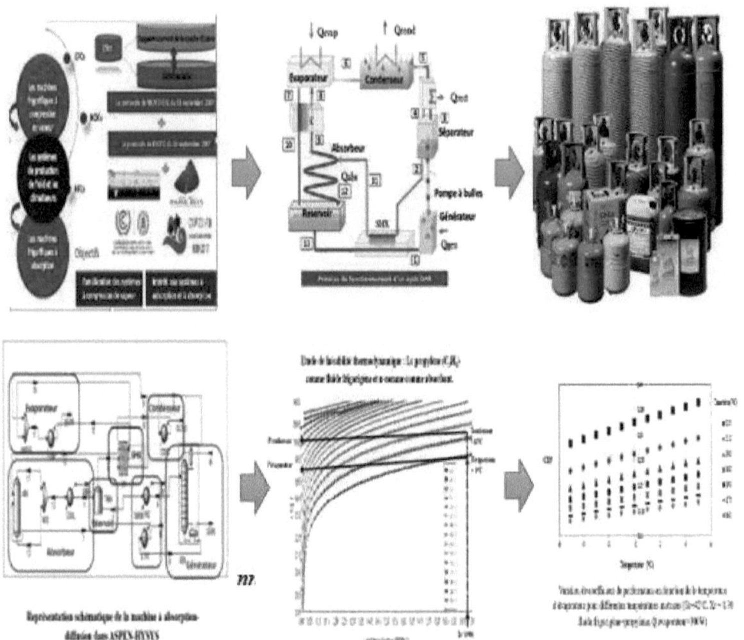

Représentation schématique de la machine à absorption-diffusion dans ASPEN-HYSYS

Étude de la solubilité thermodynamique : Le propylène (C_3H_6) comme fluide frigorigène et le ... comme absorbant.

Variation du coefficient de performance en fonction de la température d'évaporation pour différentes températures ... ($Ta=45°C$, $Xr = 1.70$ ...)

Agradecimentos

O presente trabalho foi realizado no Laboratório de Investigação: Energia, Água, Ambiente e Processos (LEEEP) LR18ES35, na Escola Nacional de Engenharia de Gabes (ENIG) ligada à Universidade de Gabes.

No final deste trabalho, tenho o prazer de exprimir os meus sinceros agradecimentos e a minha gratidão ao meu orientador, o Sr. Béchir CHAOUACHI, diretor do laboratório de investigação Energia, Água, Ambiente e Processos (LEEEP) e professor na Escola Nacional de Engenharia de Gabés (ENIG). Gostaria de exprimir a minha profunda gratidão pelo seu encorajamento, as suas sugestões pertinentes e os seus conselhos na preparação deste trabalho.

Gostaria de expressar a minha profunda gratidão ao Sr. Ahmed Hannachi, Diretor da Escola de Doutoramento: Ciências, Engenharia e Sociedade e Professor da Escola Nacional de Engenharia de Gabés (ENIG), pelo seu encorajamento, pelas suas muitas palavras de conselho e pela sua atenção, que foram cruciais para o sucesso deste projeto.

Por último, gostaria de exprimir a minha gratidão a todos os meus amigos pela sua ajuda e conselhos preciosos, bem como a todo o pessoal docente e administrativo da ENIG que contribuiu de alguma forma para a realização deste trabalho.

Estou particularmente grata ao meu marido, que me encorajou a embarcar nesta viagem, e à minha família pelo seu encorajamento, compreensão e apoio muitas vezes indispensável ao longo do caminho.

Resumo

No âmbito deste projeto de pós-doutoramento, que visa a melhoria contínua do desempenho dos ciclos de absorção-difusão e a procura de novos refrigerantes para substituir os fluidos atualmente utilizados, apresentamos novas misturas de hidrocarbonetos. Estamos a apresentar novas misturas de hidrocarbonetos. O fluido mais volátil, o propileno, é escolhido como refrigerante, enquanto os menos voláteis são utilizados como absorventes.

O estudo da viabilidade termodinâmica do ciclo consiste em determinar os limites de funcionamento das máquinas de refrigeração por absorção com os diferentes pares de alcanos considerados. A modelização utilizando os programas de fluxogramas ASPEN PLUS e ASPEN HYSYS demonstrou que a mistura de hidrocarbonetos proposta dá o melhor COP em comparação com os dados pelos hidrocarbonetos testados. O cálculo do coeficiente de desempenho conduzirá à escolha da mistura com melhor desempenho. No âmbito das perspectivas futuras deste trabalho, propomos a procura de outras combinações de trabalho mais eficazes e respeitadoras do ambiente, sem efeitos nocivos para a camada de ozono, e a realização de ensaios experimentais nesta máquina utilizando a mistura propileno/nonano e o hélio como gás inerte.

Palavras-chave: Ciclos de absorção-difusão; Mistura de hidrocarbonetos; Coeficiente de desempenho, viabilidade termodinâmica, Propeno, Alcanos.

INTRODUÇÃO GERAL

Neste contexto global, as máquinas de refrigeração são um elo importante na cadeia da luta da humanidade contra esta epidemia mortal.

As máquinas de refrigeração são sistemas que utilizam energia para extrair calor do meio a arrefecer (fonte fria) e libertá-lo de volta para o ambiente.extrair calor do meio a arrefecer (fonte friae rejeitá-lo para o exterior para o exterior (fonte quente). As máquinas de refrigeração satisfazem as necessidades de refrigeração dos sectores doméstico, comercial e industrial, ou seja, ar condicionado, congelação e refrigeração de produtos perecíveis.

Uma máquina de refrigeração é um circuito fechado no qual circula um fluido refrigerante. O seu funcionamento baseia-se no princípio da termodinâmica, que utiliza as propriedades físicas de um fluido para transferir calor ou energia. O ciclo de refrigeração compreende quatro fases: compressão, condensação, expansão e evaporação. [1]

O fluido frigorigéneo é comprimido num compressor, aumentando a sua pressão (alta pressão) e temperatura (estado de vapor). O condensador permite que o fluido se condense por troca com um fluido externo (água, ar, etc.). O fluido frigorigéneo volta então ao seu estado líquido, mas mantém a sua alta pressão. Ao passar pela válvula de expansão, é vaporizado por uma queda brusca de pressão. No evaporador, o fluido líquido absorve a energia térmica do meio a arrefecer e inicia-se um novo ciclo. Para caraterizar a eficiência energética de uma máquina de refrigeração, utilizamos o conceito de coeficiente de desempenho, ou seja, a relação entre a energia útil de refrigeração e a energia consumida para a produzir.

A forma de extração dos vapores formados no evaporador permite distinguir vários tipos de máquinas.

Nas máquinas de compressão e ejeção, o método é mecânico. Nas máquinas de sorção, o vapor é aspirado ligando-o a uma substância absorvente com grande afinidade para as moléculas de refrigerante (exemplo: refrigerante amoníaco / absorvente água). [1]

Neste tipo de máquinas de refrigeração, as mais comuns, o fluido puro ou a mistura existe nos estados de vapor e líquido. Por outro lado, existem sistemas em que o fluido não muda de estado físico.

Os Os sistemas de recuperação de calor e les pompes as bombas de calor utilizam o mesmo ciclo termodinâmico. São diferenciados das máquinas de refrigeração consoante a ênfase seja colocada na extração ou na entrada de calor [1].

Neste contexto global, os esforços desenvolvidos na investigação científica, teórica e experimental para resolver estes problemas centram-se na melhoria do desempenho energético dos sistemas de compressão de vapor, minimizando a quantidade de fluidos refrigerantes utilizados, explorando a utilização de novos fluidos com um impacto ambiental reduzido e recorrendo a tecnologias alternativas de produção de frio por adsorção e absorção.

A maioria das máquinas de refrigeração por absorção funciona com energia térmica e utiliza NH_3/H_2O ou $LiBr/H_2O$. No entanto, a utilização destas misturas sofre de vários constrangimentos, como a cristalização no caso do $H_2O/LiBr$ e a alta pressão no caso do NH_3/H_2O, que conduz a fugas tóxicas de amoníaco [2].

O desempenho destas máquinas pode ser desenvolvido por modelização, o que permite um estudo mais flexível da influência dos parâmetros no desempenho de qualquer máquina de refrigeração baseada no princípio da absorção.

Neste contexto, estamos a estudar a contribuição para o estudo dos hidrocarbonetos como refrigerantes num ciclo de absorção-difusão. Trata-se de uma máquina com uma capacidade de refrigeração moderada.

As misturas foram consideradas e comparadas utilizando o arrefecimento no condensador e no absorvedor por ar ambiente a 35°C. O hélio foi utilizado como gás inerte. A pressão total de funcionamento é de cerca de 17,5 bar. As misturas de hidrocarbonetos foram simuladas utilizando os softwares de fluxograma Aspen Plus e Aspen Hysys.

Este estudo está estruturado da seguinte forma: O primeiro capítulo trata da conceção e modelação termodinâmica de uma máquina de refrigeração por absorção-difusão, tendo sido descrito o princípio de funcionamento da máquina. Os vários limites de funcionamento das misturas envolvidas foram determinados utilizando o software Aspen Plus.

O segundo capítulo é dedicado à interpretação dos resultados obtidos por simulação utilizando os programas Aspen Plus e Aspen Hysys. Os resultados teóricos foram validados por comparação com os da literatura.

O documento termina com uma conclusão geral e uma perspetiva para o futuro.

Capítulo I

Conceção, modelação e simulação de um ciclo DAR que funciona com hidrocarbonetos

O objetivo deste capítulo é estudar a possibilidade de utilizar misturas de hidrocarbonetos como fluidos de trabalho em máquinas de refrigeração por absorção-difusão. Apresentamos novas misturas de hidrocarbonetos, de facto, o fluido mais volátil, o propileno, é escolhido como refrigerante, os menos voláteis, o nonano (n-C9H20), Decano (n-C10H22), undecano (n-C11H24), Dodecano (n-C12H26), Tridecano (n-C13H28), Tetradecano (n-C14H30), Pentadecano (n-C15H32), Hexadecano (n-C16H34) são escolhidos como absorventes. O quadro II.1 apresenta pormenores das combinações de refrigerante/absorvente.

Tabela.I.1: Binários de hidrocarbonetos estudados

	n-decano n-C10H22	undecano n-C11H24	Dodecano n-C12H26	Tridecano n-C13H28	Tetradecano n-C14H30	Pentadecano n-C15H32	Hexadecano n-C16H34
Propileno (C₃H6)	+	+	+	+	+	+	+

O estudo é efectuado da seguinte forma:

S estudamos a máquina cujo absorvedor e condensador são arrefecidos com ar ambiente.

S Estudo do equilíbrio líquido-vapor da mistura que constitui o fluido de trabalho estudado, representado no diagrama de Oldham

S A análise deste diagrama permite determinar a gama de temperaturas de funcionamento dentro da qual a máquina pode ser operada e o possível enriquecimento da solução.

1.1. Máquina de refrigeração por absorção-difusão

1.1.1. Descrição de uma máquina de refrigeração por absorção-difusão

A máquina de refrigeração por absorção-difusão foi inventada por Von Platen et al (1928) [24]. Utiliza três fluidos operacionais: amoníaco (refrigerante), água (absorvente) e hidrogénio como gás inerte.

Numa máquina de absorção-difusão, é utilizado um gás de apoio para equilibrar as pressões entre o condensador e o evaporador, permitindo que o refrigerante se evapore e, assim,

12

produza frio.

Uma vez que não existem peças móveis na unidade, o sistema de absorção-difusão é silencioso e fiável. Por isso, é frequentemente utilizado em quartos de hotel, escritórios e em zonas áridas e isoladas.

1.1.2. Princípio de funcionamento

O ciclo de refrigeração por absorção por difusão tem quatro componentes principais: um gerador de vapor (ou dessorvedor), um condensador, um evaporador e um absorvedor de vapor.

Num ciclo simplificado do sistema DAR (Ciclo de Refrigeração por Difusão-Absorção) mostrado na Figura (II.2), o calor é fornecido no gerador diretamente à solução rica (Qgen). Como pode ser visto, o vapor absorvente de refrigerante é separado da solução rica no gerador (2), e as bolhas de vapor sobem então dentro da bomba de bolhas (3). O vapor flui através do condensador, onde condensa, libertando uma quantidade de calor Q_{Cond}.

O condensado flui diretamente para a entrada do evaporador (5). Na entrada do evaporador, o refrigerante líquido mistura-se com o hélio e o resíduo de refrigerante à chegada ao absorvedor (7), depois de passar pelo permutador de calor gás-a-gás.

A mistura de refrigerante e hélio circula no evaporador de fluxo em co-corrente. A solução pobre entra no absorvedor pelo topo, depois de passar pelo permutador de calor solução-solução. O vapor de refrigerante é absorvido pela solução pobre, transformando-a numa solução rica que flui para o reservatório (1). A solução rica sai então do reservatório para o gerador. O hélio que não é absorvido continua o seu caminho para o evaporador juntamente com o resíduo que não foi absorvido.

Outra configuração do ciclo de refrigeração por absorção-difusão é mostrada na Figura I.3.

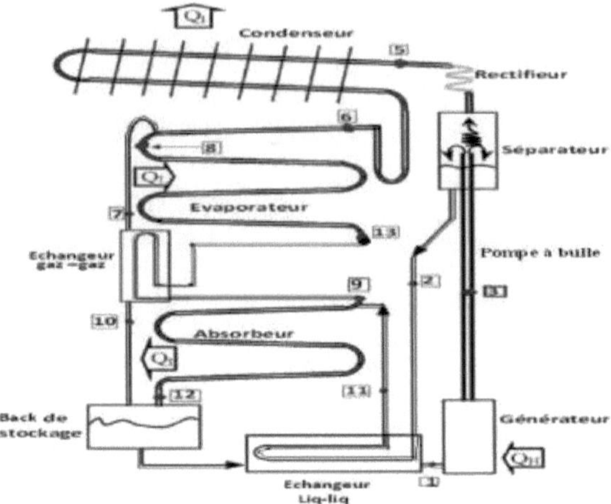

Figura I.1: Diagrama esquemático de um ciclo de refrigeração por absorção-difusão [24].

Como qualquer sistema de refrigeração, o sistema DAR (Figura I.3.) tem as suas vantagens e desvantagens:

Vantagem:

- Consome principalmente energia térmica;

- Pode ser utilizado se tiver uma fonte de calor (calor livre ou calor residual);

- Máquinas silenciosas e sem vibrações.

Desvantagens:

- O COP é baixo em comparação com os ciclos de compressão;

- Problema de construção; impermeabilização significativa.

1.2. Modelos termodinâmicos

A escolha do método termodinâmico apropriado para calcular e/ou prever as propriedades das misturas de refrigerantes é de importância crucial para a fiabilidade dos resultados. Para sistemas de baixa pressão, as duas abordagens (φ-φ) e (γ-φ) permitem que este tipo de cálculo seja efectuado com boa precisão. Para sistemas de alta pressão, recomenda-se o método simétrico.

De acordo com trabalhos de investigação anteriores [16-18], as previsões de vários modelos, nomeadamente NRTL (Non Random Two Liquids), a equação SRK (Soave-Redlich-Kwong) e a equação PC-SAFT (Perturbed-Chain Statistical Associating Fluid Theory), foram comparadas com dados experimentais de equilíbrio líquido-vapor para várias misturas de hidrocarbonetos. Este estudo foi efectuado por Chekir et al [16,17]. No nosso trabalho, interessam-nos os modelos de Peng-Robinson e Chao-Seader e o modelo PC-SAFT [18,19]. Num estudo anterior, Chekir et al [20] mostraram que, a baixa pressão, os três modelos reproduzem bastante bem os dados experimentais.

Um estudo recente efectuado por Dardour et al [18] mostrou que, em comparação com o modelo de Chao-Seader, o modelo de Peng-Robinson representava o equilíbrio líquido-vapor de todas as curvas isotérmicas e isobáricas para as misturas de alcanos consideradas, o modelo de Peng-Robinson representava mais fielmente as propriedades termodinâmicas destas misturas, nomeadamente ao nível das curvas de ebulição. Os autores mostraram ainda que o modelo de Peng-Robinson era mais fiel aos dados experimentais do que o modelo de Chao-Seader.

1.2.1. Cálculo do equilíbrio líquido-vapor :

Para um sistema de fluido bifásico, líquido-vapor, com n constituintes, temos [18] :

$$d(nG)^L = -(nS)^L dT + (nV)^L dP + \sum_i \mu_i^L dn_i^L \tag{I.1}$$

$$d(nG)^v = -(nS)^V dT + (nV)^V dP + \sum_i \mu_i^V dn_i^V \tag{I.2}$$

S, V e μ são a entropia molar, o volume molar e o potencial químico. Os expoentes (L) e (V) referem-se à fase líquida e à fase de vapor, respetivamente.

A variação da entalpia livre do sistema de duas fases é então :

$$d(nG) = d(nG)^L + d(nG)^V \tag{I.3}$$

O resultado é :

$$d(nG) = (nV)dP - (nS)dT + \sum_i \mu_i^L dn_i^L + \sum_i \mu_i^V dn_i^V \tag{I.4}$$

O critério para o equilíbrio de fases do sistema é, para P e T fixos, dado por :

$$d(nG) = 0 \tag{I.5}$$

Ou,

$$\Sigma_i \mu_i^L dn_i^L + \Sigma_i \mu_i^V dn_i^V = 0 \tag{I.6}$$

Para um sistema fechado e na ausência de reacções químicas, temos: dnf = -dn^.

A equação II.6 passa a ser :

$$\Sigma_i(\mu_i^L - \mu_i^V) dn_i^L = 0 \tag{I.7}$$

Assim, finalmente

$$\mu_i^L = \mu_i^V \tag{I.8}$$

Introduzindo a definição de fugacidade f e utilizando o mesmo estado padrão para ambas as fases, a equação (II.8) torna-se :

$$\mu_i^\circ + RTln\frac{f_i^L}{f_i^\circ} = \mu_i^\circ + RTln\frac{f_i^V}{f_i^\circ} \tag{I.9}$$

Por isso

$$f_i^L = f_i^V \tag{I.10}$$

De acordo com a regra das fases de Gibbs, o sistema binário em equilíbrio líquido-vapor é bivariante:

$$v = c + 2 - \varphi = 2 + 2 - 2 = 2 \tag{I.11}$$

e φ são o número de componentes e de fases, respetivamente.

Para caraterizar o estado de um tal sistema, basta fixar os valores dos dois parâmetros intensivos. De facto, para um tal sistema, podemos escrever sucessivamente :

$$\begin{cases} f_1^L(T,P,x_1,x_2) = f_1^V(T,P,y_1,y_2) \\ f_2^L(T,P,x_1,x_2) = f_2^V(T,P,y_1,y_2) \\ \qquad y_1 + y_2 = 1 \\ \qquad x_1 + x_2 = 1 \end{cases} \tag{I.12}$$

$_{22}$Para T e P fixos, o sistema é constituído por 4 equações com 4 incógnitas: $y1\_y\,x1e\text{-}x$. Por conseguinte, basta conhecer duas destas incógnitas para poder resolver o sistema e determinar as restantes variáveis de estado desconhecidas. Para calcular o equilíbrio, é necessário calcular as fugacidades líquidas e de vapor das espécies presentes. $(\emptyset - \emptyset)$ $(\gamma - \emptyset)$ Existem dois métodos para o fazer, um dos quais, chamado , é simétrico, enquanto o outro, chamado , é assimétrico.

> **Abordagem** $(\emptyset - \emptyset)$

A abordagem simétrica para calcular o equilíbrio termodinâmico utiliza uma equação de estado que descreve as fases líquida e de vapor do fluido e a partir da qual as fugacidades podem ser calculadas.

$$f_i^L = \emptyset_i^L x_i P \tag{I.13}$$

$$f_i^V = \emptyset_i^V y i P \tag{I.14}$$

0Le 0V são os coeficientes de fugacidade do componente i nas fases líquida e de vapor, respetivamente. Dependem da temperatura, da pressão e da composição.

O equilíbrio de fases é então escrito :

$$\emptyset_i^L x_i = \emptyset_i^V y_i \tag{I.15}$$

> $(\gamma - \emptyset)$ **Abordagem** :

Este método de cálculo, dito clássico, utiliza uma equação de estado para a fase de vapor e um modelo frequentemente empírico dos coeficientes de atividade no líquido. As fugacidades das espécies na fase de vapor são expressas como descrito acima (II.13):

$$f_i^V = \emptyset_i^V y_i P \tag{I.16}$$

E que na fase líquida são dadas por :

$$f_i^L = \gamma_i^L x_i f_i^{*L} \tag{I.17}$$

YL é o coeficiente de atividade da espécie i na fase líquida, f_i*L é a fugacidade líquida da espécie i à pressão e temperatura da mistura.

$$f_i^{*L}(T,P) = P_i^{sat}\emptyset_i^*(T,P_i^{sat})\exp\left(\frac{V_i^L(P-P_i^{sat})}{RT}\right)$$ (I.18)

^{P}sendo V o volume molar da espécie i na fase líquida no estado saturado.

A equação II.10 passa a ser :

$$\gamma_i^L x_i f_i^{*L} = \emptyset_i^V y_i P$$ (I.19)

Vantagens e desvantagens de cada abordagem [20,21].

- $(\emptyset-\emptyset)$ $(\emptyset-\emptyset)$ abordagem: os cálculos termodinâmicos que utilizam a abordagem simétrica são fiáveis em amplas gamas de pressão e temperatura, incluindo regiões subcríticas e supercríticas. Para sistemas ideais ou ligeiramente não ideais, as propriedades termodinâmicas, quer na fase de vapor quer na fase líquida, podem ser determinadas com um mínimo de dados sobre os constituintes. Para uma representação correta e adequada de sistemas não ideais, recomenda-se que se comece por determinar os parâmetros de interação binária por regressão dos dados experimentais de equilíbrio líquido-vapor.

A utilização de equações de estado cúbicas geralmente não permite que as densidades dos líquidos sejam calculadas com precisão suficiente. Neste caso, recomenda-se que um modelo de cálculo adicional específico para esta aplicação seja adicionado à equação de estado.

- $(\gamma-\emptyset)$ $(\gamma-\emptyset)$ abordagem: o método assimétrico é o melhor método para descrever misturas líquidas com uma não-idealidade muito pronunciada.

- No entanto, é necessário determinar os parâmetros binários a partir dos dados experimentais. O método assimétrico só deve ser utilizado para sistemas de baixa pressão.

- **Constantes de equilíbrio [15]:** Os seus valores medem as proporções em que uma espécie i é partilhada entre as duas fases de líquido e de vapor em equilíbrio termodinâmico. Para cada espécie, a constante de equilíbrio é escrita como :

$$K_i = \frac{y_i}{x_i} = \frac{\emptyset_i^L}{\emptyset_i^V}$$ (I.20)

$(\emptyset - \emptyset)$ Quando é utilizado o método simétrico.

Do mesmo modo, Ki é dado por:

$$K_i = \frac{y_i}{x_i} = \frac{\gamma_i^L f_i^{*L}}{\emptyset_i^V} \tag{I.21}$$

$(\gamma - \emptyset)$ Quando adoptamos o método assimétrico .

1.2.2. Modelo Peng-Robinson

Na década de 1970, o estudante de doutoramento D. Peng e o seu orientador de tese, o Professor D. B. Robinson, da Universidade de Alberta (Edmonton, Canadá), desenvolveram a equação de estado que, desde então, tem levado os seus nomes. Os principais objectivos do seu trabalho eram produzir uma equação de estado adequada para processos de gás natural, incluindo [18] :

- Os parâmetros dependem apenas das propriedades críticas e do fator acêntrico dos constituintes,

- A aplicação permanece fiável e válida na proximidade do ponto crítico, nomeadamente para o cálculo do fator de compressibilidade e da densidade do líquido,

- As regras de mistura requerem apenas um parâmetro de interação binária, independente da temperatura, pressão e composição.

O modelo termodinâmico de Peng-Robinson utiliza [17] :

- A equação de estado cúbica de Peng-Robinson para todas as propriedades termodinâmicas, exceto o volume molar do líquido [18].

- O método API para calcular o volume molar líquido de pseudo-compostos e o modelo de Rackett para compostos reais.

O método PENG-ROBINSON dá resultados satisfatórios quaisquer que sejam os valores de temperatura e pressão. O método é coerente na região crítica: não apresenta um comportamento anormal como os métodos que utilizam coeficientes de atividade. Por conseguinte, os resultados permanecem corretos e precisos nas proximidades do ponto crítico de mistura [15].

Equação de estado de Peng-Robinson

> Caso de um corpo puro

A equação de estado de Peng-Robinson é escrita para um corpo puro cujo estado é definido

pelo tripleto *(P*: pressão, *V*: volume molar, *T*: temperatura), na forma: [2].

$$P = \frac{RT}{V-b} - \frac{a\alpha}{V^2+2bV-b^2}$$
(I.22)

Com

$$a = 0{,}45724\frac{R^2 T_c^2}{P_c}\,\alpha$$
$$b = 0{,}0778\frac{RT_c}{P_c}$$
$$\left(\alpha = \left[1 + (0{,}37464 + 1{,}5422w - 0{,}26992w^2)\left(1 - \sqrt{\frac{T}{T_c}}\right)\right]^2\right.$$
(I.23)

$_{cc}T$, P e w são a temperatura crítica, a pressão crítica e o fator acêntrico, respetivamente.

Como se trata de uma equação de estado cúbica em volume, o fator de compressibilidade Z é

uma solução da seguinte equação cúbica :

$$Z^3 - (1 - B)Z^2 + (A - 3B^2 - 2B)Z - (AB - B^2 - B^3) = 0$$
(I.24)

Com

$$\begin{cases} A = \frac{A\alpha P}{R^2 T^2} = 0{,}45724\frac{\alpha P_r}{T_r^2} \\ B = \frac{bP}{RT} = 0{,}07780\frac{P_r}{T_r} \end{cases}$$
(I.25)

$_{rr}T$ e P são a temperatura reduzida e a pressão reduzida, respetivamente $\left(T_r = \frac{T}{T_c}\ \text{et} P_r = \frac{P}{P_r}\right)$.

> Caso de uma mistura

Neste caso, a equação de estado é escrita como [18] para um sistema cujo estado é definido

pelo tripleto (P,V,z) *(P*: pressão, *V*: volume molar, T: temperatura com z a composição

global):

$$P(T,V,z) = \frac{RT}{V-b_m} - \frac{(a\propto)_m}{V^2+2b_mV-b_m^2} \tag{I.26}$$

$(a \propto)_m \, \text{et} \, b_m$ são estimados utilizando as regras de mistura de VAN DER WAALS:

$$\begin{cases} (a \propto)_m = \sum_{i=1}^{nc}\sum_{j=1}^{nc} z_i z_j (a \propto)_{ij} = \sqrt{(a \propto)_i (a \propto)_j}(1 - k_{ij}) \\ b_m = \sum_{i=1}^{nc} z_i B_i \end{cases} \tag{I.27}$$

Para todos os binários, tomamos : $\quad k_{ij} = k_{ji} \; \text{et} \; k_{ii} = k_{jj} = 0$ $\tag{I.28}$

> Procedimento para calcular o equilíbrio binário líquido-vapor

As fracções molares na fase líquida e na fase de vapor, x e y, de dois componentes i e j estão relacionadas pela equação [15] :

$$y_i = K_i x_i \quad (i \in \{1,2\}) \tag{I.29}$$

Ou

K_I é a constante de equilíbrio que pode ser determinada a partir da equação :

$$K_i = \frac{\emptyset_i^l}{\emptyset_i^v} \tag{I.30}$$

$\emptyset_i^l \; \text{et} \; \emptyset_i^v$ 'E os coeficientes de fugacidade do componente i nas fases líquida e de vapor, respetivamente.

O coeficiente de fugacidade do componente i na fase de vapor $0^\wedge$ é calculado através da equação :

$$\ln(\emptyset_i^v) = \frac{b_i}{b_m}(Z_v - 1) - \ln(Z_v - B) - \frac{A}{2\sqrt{2}B}\left(\frac{2}{(a\propto_m)}\sum_j y_i\left(a \propto_{ij}\right) - \frac{b_i}{b_m}\right) \ln\left(\frac{Z_v+(\sqrt{2}+1)B}{Z_v-(\sqrt{2}-1)B}\right) \tag{I.31}$$

$_v0-$ é determinada a partir de uma equação semelhante, substituindo o fator de compressibilidade da fase de vapor Z pelo da fase líquida/;.

1.3. Variância e equação dos diferentes componentes da máquina

O gerador convencional da máquina de absorção-difusão representado na figura seguinte (figura I.4.) é constituído por uma caldeira e uma bomba de bolhas. A solução rica (12) que sai do absorvedor e é aquecida pela solução pobre (2) alimenta o ou os tubos interiores do gerador que actua como bomba de bolhas. Sob o efeito do calor fornecido ao gerador, formam-se bolhas de vapor no interior de cada tubo [2].

No modo de saco, estas bolhas de vapor actuam como pistões que transportam a solução para cima do tubo até ao separador, que actua como um separador de fases [24]. A solução magra assim obtida (2) é enviada para o absorvedor. As bolhas de vapor e os vapores produzidos pela caldeira acumulam-se no separador à saída do gerador (3) e vão para o retificador acima. O sistema amoníaco/água/hélio é considerado para o cálculo da variância.

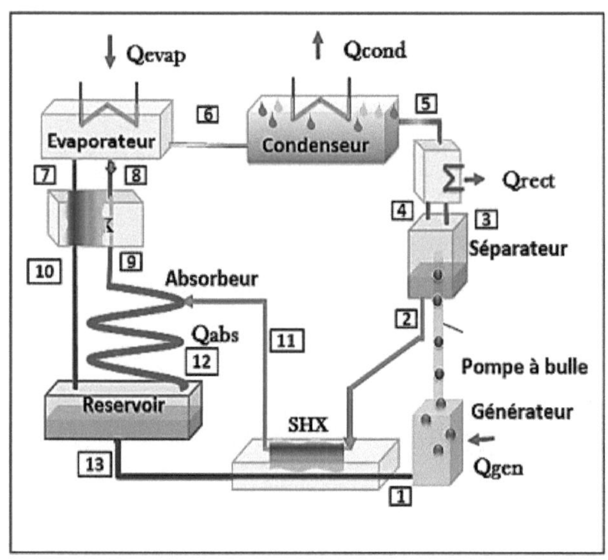

Legenda:

Qcond: Potência de saída no condensador (W)

Qrect: Calor libertado ao nível do retificador (W)

Qgen: Potência motriz fornecida ao gerador (W)

Qevap: Capacidade de arrefecimento (W)

Qabs: potência libertada no absorvedor

GHX: permutador de gás para gás

SHX: permutador de soluções

Figura.I.2: Diagrama esquemático de uma máquina de absorção-difusão [2].

1.3.1. Gerador

O gerador tem quatro fluxos de materiais, dois de entrada, dois de saída e um fluxo de
energia:

- Fluxo 1: mistura binária de água e amoníaco - var = 3. $\qquad$ (I.32)

- Fluxo 2: mistura binária de água e amoníaco - var = 3 $\qquad$ (I.33)

- Fluxo 3: mistura binária de água e amoníaco - var =3 $\qquad$ (I.34)

-Fluxo 4: água - var = 2 $\qquad$ (I.35)

-Fluxo de energia QG - var = 1 $\qquad$ (I.36)

As equações de conservação da matéria e da energia que regem o gerador são escritas da
seguinte forma:

Balanço global dos materiais :

$$m_3+m_2=m_1+m_4 \qquad (I.37)$$

Relatório parcial sobre o amoníaco :

$$m_3X_3+m_2Y_2 =m_1X_1 \qquad (I.38)$$

Balanço energético :

$$m_2h_2 + m_3h_3 - m_1h_1 - m_4 h_4 = QGEN \qquad (I.39)$$

A variância do gerador é então igual a :

$$VGEN = ii+i- 3 = 9 \qquad (I.40)$$

Tendo em conta que o fluxo 2 é a solução magra, que é um líquido em estado saturado, e que
o fluxo 3 é um vapor que sai do gerador em estado saturado, a variância do gerador passa a
ser igual a 7.

1.3.2. Moedor

O retificador apresentado na figura acima tem 3 fluxos: um de entrada e dois de saída, mais um fluxo de energia:

- Fluxo 3: mistura binária de água e amoníaco - var = 3   (I.4i)

- Fluxo 5: amoníaco subarrefecido - var = 2   (I.42)

- Fluxo 4: água - var = 2.

- Fluxo de energia. QRect - var = i.   (I.43)

As equações de conservação da matéria e da energia que regem o retificador são escritas da seguinte forma:

Balanço global dos materiais :

$m5 + m4 = m3$ (I.44)

Relatório parcial sobre o amoníaco :

$m3\, Y3 = m5$ (I.45)

Balanço energético :

$m3h3 - m5h5 - m4h4 = QRect$ (I.46)

A variância do retificador é então igual a :

$VRect = 7 + i - 3 = 5$ (I.47)

Tendo em conta que o vapor (5) está em estado saturado e que o refluxo (4) é um líquido em estado saturado, a variância do retificador passa a ser igual a 3.

1.3.3. Condensador

O condensador apresentado na figura anterior tem dois fluxos de material, um de entrada e outro de saída, e um fluxo de energia:

- Fluxo 5: amoníaco - var = 2.   (I.48)

- Fluxo 6: amoníaco subarrefecido - var = 2   (I.49)

- Fluxo de energia: QCond - var = 1   (I.50)

As equações de conservação da matéria e da energia que regem o condensador são escritas da seguinte forma:

Balanço global dos materiais :

m5 = m6   (I.51)

Balanço energético :

m5 h5 -m6 h6 = QCond   (I.52)

A variância do condensador é então igual a :

4+1-2=3   (I.53)

Tendo em conta que o vapor (5) está num estado saturado e o fluxo (6) é um líquido sub-arrefecido, a variância do condensador torna-se igual a 1.

1.3.4. Evaporador

O evaporador tem 3 fluxos de material, um de saída e dois de entrada, e um fluxo de energia:

-   Fluxo 6: amoníaco -var = 2   (I.54)

-   Fluxo 7: amoníaco + hélio - var = 3   (I.55)

-   Fluxo 8: amoníaco + hélio - var = 3   (I.56)

-   Fluxo de energia: QEvap -var= 1(I.57)

As equações de conservação da matéria e da energia que regem o evaporador são escritas da seguinte forma:

Balanço global dos materiais :

m7 +m6 = m8 (I.58)

Relatório parcial sobre o amoníaco :

m6Y6+ m7Y7=m8Y8 (I.59)

Balanço parcial sobre o hélio :

m6Y6he+ m7 Y7he= m8 Y8he   (I.60)

Balanço energético :

m8h8 -m6h6-m7h7= QEvap   (I.61)

A variância do evaporador é então igual a :

8+1-4=5   (I.62)

1.3.5. Gás - permutador de gás

O permutador gás-gás é atravessado por 4 fluxos de material, dois de entrada e dois de saída:

- Fluxo 7: amoníaco + hélio - var = 3   (I.63)

- Fluxo 8: amoníaco + hélio - var = 3   (I.64)

- Fluxo 9: amoníaco + hélio -var =3   (I.65)

- Fluxo 10: amoníaco + hélio - var = 3   (I.66)

As equações de conservação da matéria e da energia que regem o condensador são escritas da seguinte forma:

Balanço global dos materiais :

$$m_9 + m_7 = m_{10} + m_8 \qquad (I.67)$$

Relatório parcial sobre o amoníaco :

$$m_9 Y_9 + m_7 Y_7 = m_{10} Y_{10} + m_8 Y_8 \qquad (I.68)$$

Balanço parcial sobre o hélio :

$$m_9 Y_{9he} + m_7 Y_{7he} = m_{10} Y_{10he} + m_8 Y_{8he} \qquad (I.69)$$

Balanço energético :

$$m_9 h_9 + m_7 h_7 - m_8 h_8 - m_{10} h_{10} = Q_{EG} \qquad (I.70)$$

A variância do permutador gás-gás é então igual a

$$i_2 + i - 4 = 9 \qquad (I.7i)$$

1.3.6. Absorvente

O absorvedor tem 3 fluxos de material, dois de entrada e um de saída, e um fluxo de energia:

- Fluxo9   : amoníaco + hélio - var   =3   (I.72)

- Fluxo   ii: amoníaco + água - var = 3 (I.73)

-    Fluxi2: amoníaco + água - var = 3   (I.74)

- Fluxo de energia: QAbs - var = i (I.75)

As equações de conservação da matéria e da energia que regem o absorvedor são escritas da seguinte forma:

Balanço global dos materiais :

$m9 + mii = mi2$ (I.76)

Relatório parcial sobre o amoníaco :

$m9Y9 + miiXii = mi2Xi2$ (I.77)

Balanço parcial sobre o hélio :

$m9Y9he = mi2\, Yi2he$ (I.78)

Balanço energético :

$m9h9 + mii\, hii - mi2\, hi2 = Qabs$ (I.79)

A variância do absorvedor é então igual a :

$9 + i - 4 = 6$ (I.8o)

1.3.7. Permutador de soluções

O permutador de soluções é atravessado por 4 fluxos de material, dois de entrada e dois de saída:

-   Fluxo i: amoníaco + água - var = 3   (I.8i)

-Fluxo 2: amoníaco + água - var = 3 (I.82)

-   Fluxo 13: amoníaco + água - var = 3   (I.83)

-   Fluxo 11 = Fluxo 2: amoníaco + água - var = 3   (I.84)

As equações de conservação da matéria e da energia que regem o permutador de soluções são escritas da seguinte forma:

Balanço global dos materiais :

$m1 = m12 - m10$ (I.85)

Relatório parcial sobre o amoníaco :

$m1X1 = m12X12 - m10X10$(I.86)

Balanço energético :

$m1h1 - m12\, h12 + m10\, h10 = QES$ (I.87)

A variância do permutador de soluções é então igual a :

12+1-3=10.   (I.88)

Então a variância do ciclo é igual a :

7+3+1+5+9+6+10= 41.   (I.89)

As variáveis que são contadas duas vezes e devem ser subtraídas da variância do ciclo são apresentadas no Quadro I.2 seguinte:

Quadro I.2: Número de variáveis repetidas

	Fluxo	Desvio
Gerador-Retificador	Fluxo 3	3
	Fluxo 4	2
Retificador-Condensador	Fluxo 5	2
Condensador-Evaporador	Fluxo 6	2
Evaporador-Trocador de gás-	Fluxo 7	3
gás	Fluxo 8	3
Permutador gás-gás -	Fluxo 10	3
Absorvedor	Fluxo 9	3
Absorvente - Permutador de	Fluxo 11	3
soluções	Fluxo 13	3
Solução - permutador de	Fluxo 1	3
geradores	Fluxo 2	3
TOTAL		33

Assim, a variância do ciclo total passa a ser , tendo em conta a pressão do ciclo total :

Ciclo V = 41+1-33= 9.   (I.90)

Por conseguinte, é necessário considerar 9 variáveis independentes

1.4. Conceção e modelação da máquina com o software Aspen Plus

Esta secção apresenta a ferramenta de simulação utilizada, ASPEN PLUS (Advanced System for Process Engineering) na máquina de absorção-difusão, e os diferentes resultados do estudo da viabilidade termodinâmica dos binários de hidrocarbonetos.

1.4.1. Apresentação da ferramenta de simulação

O ASPEN PLUS é um dos pacotes de software de fluxogramas mais conhecidos [30]. Pode ser utilizado para simular processos existentes numa série de sectores, incluindo a transformação de alimentos, a transformação de minerais e a petroquímica. Desenvolvido e comercializado pela ASPEN TECHNOLOGY, foi concebido para engenheiros, gestores e investigadores.

As principais caraterísticas deste software são :

> Cálculo e previsão de propriedades termodinâmicas.

> Suavização de dados experimentais e estabelecimento de correlações analíticas.

> Simulação, dimensionamento, estimativa e avaliação económica e otimização de equipamentos e processos.

Para realizar estas funções, o software tem :

> Uma biblioteca de módulos para calcular as propriedades físicas e termodinâmicas de substâncias puras e misturas.

> Uma biblioteca de métodos de cálculo numérico para resolver sistemas algébricos e diferenciais.

> Uma biblioteca de módulos standard para a simulação de equipamentos (permutadores, reactores, colunas, etc.).

1.4.2. Descrição da máquina de refrigeração

Os componentes básicos da máquina são o gerador, o retificador, o condensador, o evaporador, o absorvedor, o permutador gás-gás e o permutador de solução.

1.4.3. Modelação com o software ASPEN Plus

1.4.3.1.   Dados fundamentais

São determinados pela capacidade de arrefecimento do sistema e pelo seu COP teórico máximo. A instalação proposta tem uma capacidade de arrefecimento de 300 W.

O ar ambiente tem uma temperatura média de 35°C. Definir as condições de funcionamento dos principais componentes da máquina da seguinte forma:

> uma temperatura de saída do evaporador do refrigerante igual a 0°C.

> Condensador: No caso de arrefecimento com ar, a temperatura no final da condensação é assumida como sendo 12 a 15°C mais elevada do que a do ar, ou seja, entre 47 e 50°C. O líquido, assumido como sub-arrefecido em 5°C, deixa o condensador a 42°C ou 45°C.

> Absorvedor: O mesmo raciocínio que para o condensador aplica-se ao absorvedor, uma vez que o seu calor é geralmente evacuado para os mesmos dissipadores de calor.

> Gerador: O calor de acionamento fornecido ao gerador pode provir de várias fontes: colectores solares, resíduos térmicos, vapor, gases de combustão.

1.4.3.2.   Configurações dos diferentes componentes da máquina de absorção por difusão

O software Aspen Plus contém muitos modelos que podem representar os componentes da máquina. A tabela abaixo mostra as diferentes configurações escolhidas para esta simulação:

Tabela I.3: Diferentes configurações utilizadas na simulação

Componente	Modelo Aspen
Gerador	Flash2
Moedor	Aquecedor
Condensador	Aquecedor
Evaporador	Aquecedor
Absorvente	Radfrac
Permutador de soluções	Heatx

Permutador gás-gás	Heatx

O diagrama de simulação da máquina é apresentado na figura seguinte:

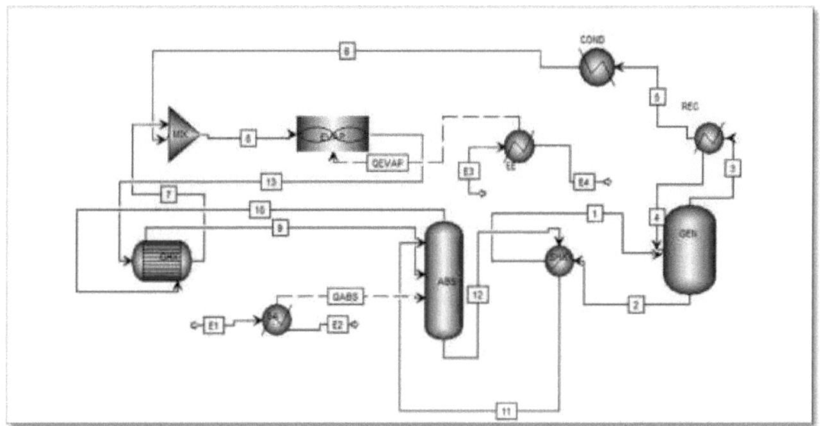

Figura.I.3: Diagrama do fluxograma do ciclo de refrigeração por absorção-difusão da

máquina.

1.4.3.3. Pressupostos

> -A máquina é considerada a funcionar em estado estacionário e as perdas de pressão são consideradas negligenciáveis [18,20].

> A pureza do vapor de refrigerante que sai do gerador situa-se entre 97 e 99,8%.

> -O vapor de refrigerante que sai do gerador em direção ao condensador é assumido como saturado. A solução pobre à saída do gerador está saturada à temperatura de funcionamento do ciclo.

> -Os dois permutadores de calor são considerados adiabáticos e cada um é caracterizado por um aperto térmico; o do permutador (gás/gás) é fixado em 10°C e o do permutador de solução (líquido/líquido) é fixado em 12°C.

As 9 variáveis a identificar, com base em pressupostos de exploração e dados técnicos, são detalhadas no Quadro I.4.

Quadro I.4: Dados e hipóteses de trabalho.

Dados e pressupostos	Valor
Temperatura do gerador	90-180°C
Pressão total	17,16 bar
Temperatura do condensador	42°C
Temperatura de saída do evaporador	0°C
Temperatura de saída do absorvedor	30°C
Composição molar da solução rica	0,39
Capacidade de arrefecimento da máquina	300 W
Pitada de temperatura no permutador de vapor-vapor	10°C
Pitada de temperatura no permutador de solução	12°C

1.5. Utilização de propileno (C3H6) como refrigerante

Esta parte é consagrada ao estudo da viabilidade termodinâmica do ciclo, que consiste em determinar os limites de funcionamento das máquinas de refrigeração por absorção com diferentes misturas de alcanos, respeitando as condições de funcionamento já fixadas.

Os pares de alcanos considerados são C3H6/n-C10H22, C3H6/n-C11H24, C3H6/n-C12H26, C3H6/n-C14H30, C3H6/n-C15H32 e C3H6/n-C16H34.

• Traçado da bicicleta

Dadas as condições de funcionamento estabelecidas (Tabela II.4), as temperaturas de vaporização e de condensação são iguais a 0°C e 42°C, respetivamente.

Estas duas temperaturas, juntamente com a pureza do refrigerante (igual a 99,6%), determinam as suas pressões de condensação e de vaporização. As etapas para traçar o ciclo da máquina no diagrama de Oldham para cada binário de hidrocarboneto são :

As duas temperaturas, vaporização e condensação, são marcadas no diagrama e as verticais são levantadas até intersectarem as curvas de isotítulo correspondentes a 99,6% do refrigerante. Os pontos de intersecção representam o evaporador e o condensador e permitem que os valores de alta e baixa pressão (P_evap; P_cond) sejam lidos diretamente do diagrama.

As hipóteses adoptadas são :

- Existe um equilíbrio entre os diferentes dispositivos,
- As pressões no evaporador e no absorvedor são iguais (baixa pressão) e as pressões no gerador e no condensador são iguais (alta pressão).

1.6. Conclusão

Neste capítulo, propusemos como fluidos de trabalho uma mistura binária de hidrocarbonetos que raramente são utilizados atualmente em máquinas de refrigeração por absorção por difusão.

Em primeiro lugar, descrevemos o funcionamento da nossa instalação, seguido de uma modelização termodinâmica, e depois determinámos a variância da nossa instalação. As equações de balanço material e energético e os equilíbrios líquido-vapor das diferentes misturas são então determinados.

Por fim, apresentámos vários modelos termodinâmicos de modo a escolher o modelo mais adequado para a nossa instalação, que é o modelo PENG ROBINSON. Através da representação gráfica do diagrama de Oldham para os vários binários considerados, avaliámos a viabilidade termodinâmica da utilização destes pares de hidrocarbonetos, determinando os limites de funcionamento de cada binário. Para tal, respeitámos as condições de funcionamento inicialmente definidas, tais como o funcionamento em estado estacionário da máquina, quedas de pressão negligenciáveis e 99,6% de pureza do vapor refrigerante à saída do gerador.

Capítulo II

Simulação e utilização dos resultados

Neste capítulo, detalharemos os resultados da simulação da instalação com base no estudo termodinâmico apresentado no capítulo anterior. Apresentamos as nossas investigações sobre misturas de hidrocarbonetos para o ciclo de refrigeração por absorção-difusão. Começamos por modelar os vários componentes da máquina e, em seguida, apresentamos os resultados detalhados da simulação, seguidos de uma discussão. O cálculo do coeficiente de desempenho conduzirá à escolha da mistura mais eficiente, que será tratada em pormenor através de um estudo paramétrico. O nosso trabalho será validado por comparação com resultados experimentais e teóricos recentes na literatura.

11.1. Conceção dos diferentes componentes da máquina de absorção por difusão

O software Aspen Hysys contém muitos modelos que podem representar os componentes da máquina. A Tabela II.1 mostra os diferentes modelos escolhidos para esta simulação. Os diferentes dispositivos são concebidos da seguinte forma:

> Gerador GEN

No fluxograma da nossa máquina, o gerador é apresentado pelo modelo RADFRAC (Figura II.1). Este é alimentado pela solução pré-aquecida do absorvedor e tem duas saídas correspondentes às correntes de vapor e de líquido.

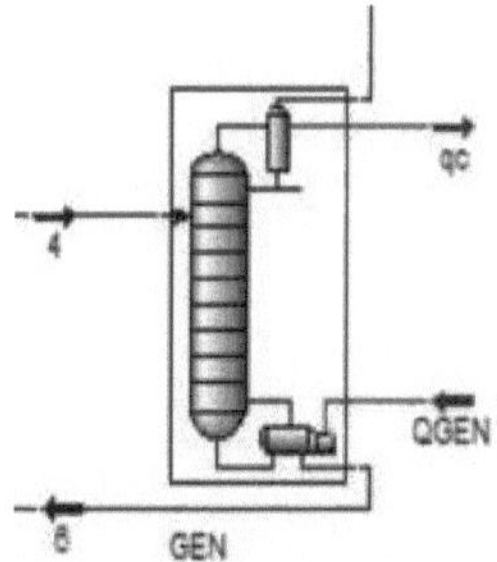

Figura II.1: Esquema do gerador

> Condensador COND

O condensador é apresentado por um modelo de permutador de calor HEATER esquematizado na Figura II.2 abaixo:

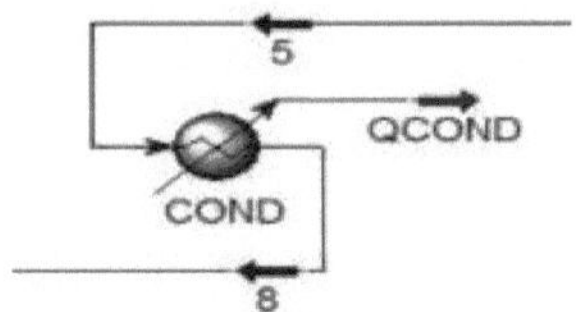

Figura II.2: Esquema do condensador

> Evaporador EVAP

O evaporador é constituído por dois blocos, um AQUECEDOR e um MISTURADOR, ilustrados na figura II.3, abaixo:

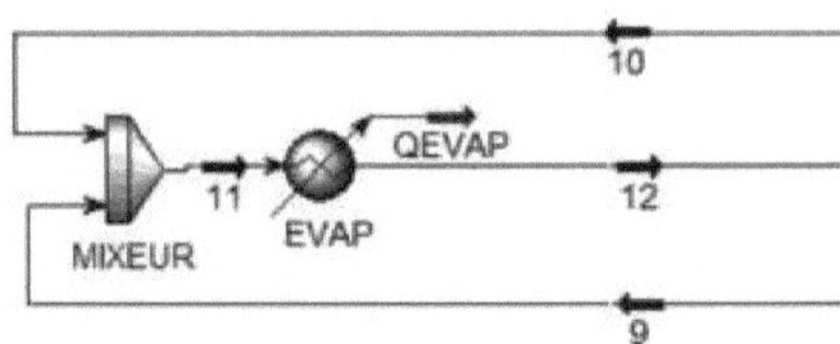

Figura II.3: Esquema do evaporador

> Absorvedor de ABS

O absorvedor é constituído por três blocos, um AQUECEDOR, um MISTURADOR e um ARREFECEDOR, ilustrados na figura II.4:

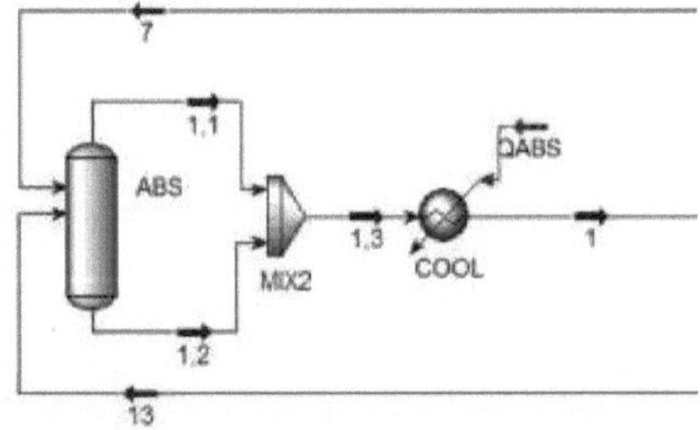

Figura II.4. II.4 Diagrama esquemático do absorvedor

36

> SHX Permutador de soluções

O permutador de soluções é apresentado por dois blocos de permutadores de calor HEATER, ilustrados na figura II.5, abaixo:

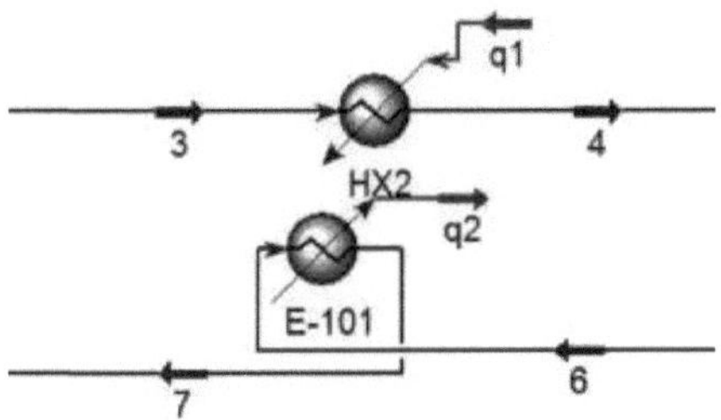

Figura III.5 Esquema do permutador de soluções

> Permutador de gás GHX

O permutador de gás é apresentado por um modelo de permutador de calor HEATEX, que é mostrado na Figura II.6 abaixo:

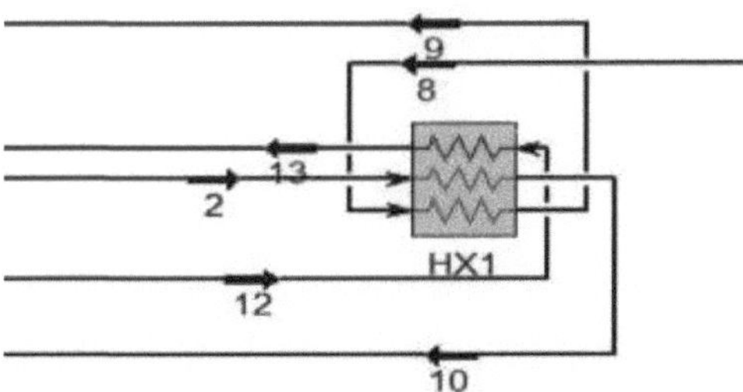

Figura II.6. II.6 Diagrama esquemático do permutador de gás

Os modelos dos diferentes componentes da máquina de absorção-difusão em fluxograma são ilustrados no quadro seguinte:

Quadro II.1: Modelo dos diferentes componentes do Aspen Hysys

Componente	Modelo Aspen

37

Gerador	Radfrac
Condensador	Aquecedor
Evaporador	Aquecedor
Absorvente	flash
Permutador de soluções	Aquecedor
Permutador gás-gás	Heatx

A máquina de absorção por difusão sob a interface Aspen Hysys é apresentada na figura (II.7):

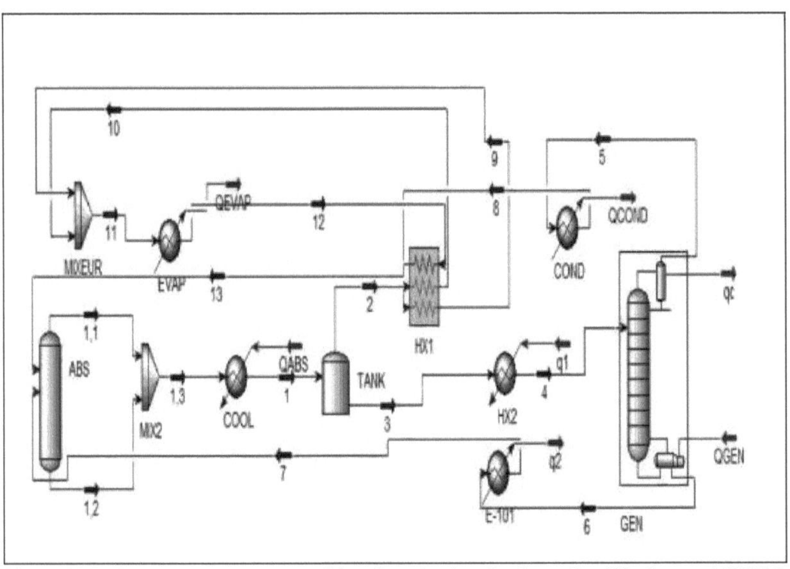

Figura.II.7: Representação esquemática da máquina de absorção-difusão em ASPEN-

HYSYS

11.2. Utilizar os resultados

Tendo em conta os pressupostos e condições de funcionamento mencionados na Tabela (II.2), apresentam-se de seguida os resultados da simulação do ciclo de absorção-difusão a funcionar com os diferentes binários de hidrocarbonetos. As combinações de binários de hidrocarbonetos são as seguintes:

Os fluidos mais voláteis, o propileno, escolhido como refrigerante, e os menos voláteis, o nonano (n-C9H20), o decano (n-C10H22), o undecano (n-C11H24), o dodecano (n-C12H26), o tridecano (n-C13H28), o tetradecano (n-C14H30), o pentadecano (n-C15H32) e o hexadecano (n-C16H34), são utilizados como absorventes. Como binário de referência, simulamos a máquina com o sistema amoníaco/água, nas mesmas condições de funcionamento.

Quadro II.2: Dados e hipóteses de trabalho.

Dados e pressupostos	Valor
Temperatura do gerador	90-230° C
Pressão total	17,16 bar
Temperatura do condensador	42°C
Temperatura à saída do evaporador	-10°C - 2 °C
Temperatura de saída do absorvedor	30°C
Composição molar da solução rica	0.35 -0.55
Capacidade de arrefecimento da máquina	300 watts
Pitada de temperatura no permutador líquido-vapor	10°C
Pitada de temperatura no permutador de solução	12°C

- Cálculo do coeficiente de desempenho [84- 86]

O ciclo seguido pelo par frigorífico-absorvedor é designado por tritérmico, no sentido em que este último troca calor com três fontes de calor: a primeira encontra-se no evaporador, a segunda, designada por intermédia, encontra-se no absorvedor e no condensador, e a última, que representa a fonte quente, encontra-se no gerador. O COP é definido pela relação entre a potência extraída no evaporador $Q_{évap}$ e a potência térmica fornecida por um queimador ao gerador $Q_{gén}$:

$$COP = Q_{évap}/Q_{gén} \qquad (II.1)$$

II.2.1. Máquina a funcionar com propeno como refrigerante

Nesta secção, apresentamos todas as figuras que ilustram o fluxograma. Os resultados da simulação em termos de composições molares, caudais molares, temperatura e potência térmica trocada pela máquina para cada binário de hidrocarbonetos estudado são apresentados nas tabelas correspondentes.

Nas mesmas condições de funcionamento, com uma capacidade de arrefecimento de 300 watts, uma pressão total de 17,5 bar e uma temperatura do evaporador de 0°C, uma máquina de absorção-difusão que funciona com a mistura propileno/n-nonano dá o melhor coeficiente de desempenho, um valor igual a 0,2231, um valor comparável ao encontrado para o sistema amoníaco/água (COP = 0,2504), nas mesmas condições de funcionamento.

No caso de uma instalação que funcione com propano como fluido frigorigéneo e para uma capacidade de arrefecimento de 1 kW, uma pressão total de cerca de 17,5 bar e uma temperatura do evaporador de cerca de 2°C, o binário propano/n-nonano apresenta o melhor coeficiente de desempenho, que é de 0,2632.

O uso de butano como refrigerante leva a um coeficiente de desempenho significativamente baixo, da ordem de 0,1254. Este valor é comparável ao encontrado por Ben Ezzine et al. Este valor é comparável ao encontrado por Ben Ezzine et al [47], sob as mesmas condições de operação, o que valida nossos resultados.

II.3 Conclusão

Durante este capítulo, a utilização do software Aspen Hysys permitiu-nos efetuar um estudo detalhado do ciclo de absorção-difusão para cada binário de hidrocarbonetos e procurar a mistura com melhor desempenho para as condições de funcionamento estabelecidas. Os resultados mostram que o propano/n-nonano é a mistura com melhor desempenho. Este trabalho deve ser seguido de um estudo experimental para validar os resultados teóricos e efetuar as melhorias necessárias.

Conclusão geral e perspectivas

Este trabalho é a continuação do trabalho realizado no âmbito da minha tese de doutoramento, no qual se contribuiu para o estudo dos hidrocarbonetos como misturas de substituição dos casais atualmente utilizados nos ciclos de absorção-difusão. Utilizando uma máquina de baixa capacidade de refrigeração (300 W), estudámos teoricamente os casais binários propileno, propano e butano como refrigerantes e os hidrocarbonetos leves hexano, heptano, octano e nonano como absorventes.

Este trabalho implica a procura de outros pares de trabalho mais eficazes e respeitadores do ambiente, que não tenham efeitos nocivos sobre a camada de ozono. Além disso, no âmbito do desenvolvimento de máquinas de refrigeração por absorção-difusão e da procura de novos fluidos refrigerantes para substituir os fluidos atualmente utilizados, apresentamos novas misturas de hidrocarbonetos. O fluido mais volátil, o propileno, foi escolhido como refrigerante, enquanto o menos volátil, o n-Nonano (n-C9H20), Decano (n-C10H22), undecano (n-C11H24), Dodecano (n-C12H26), Tridecano (n-C13H28), Tetradecano (n-C14H30), Pentadecano (n-C15H32) e Hexadecano (n-C16H34) são escolhidos como absorventes.

Este estudo está estruturado da seguinte forma: O primeiro capítulo trata da conceção e modelação termodinâmica de uma máquina de refrigeração por absorção-difusão e da descrição do seu princípio de funcionamento.

Em primeiro lugar, descrevemos o funcionamento da nossa instalação, seguido de uma modelização termodinâmica, e depois determinámos a variância da nossa instalação. As equações de balanço material e energético e os equilíbrios líquido-vapor das diferentes misturas são então determinados.

Por fim, apresentámos vários modelos termodinâmicos de modo a escolher o modelo mais adequado para a nossa instalação, que é o modelo PENG ROBINSON. Através da representação gráfica do diagrama de Oldham para os vários binários considerados, avaliámos a viabilidade termodinâmica da utilização destes pares de hidrocarbonetos, determinando os limites de funcionamento de cada binário. Para tal, respeitámos as condições de funcionamento inicialmente definidas, tais como o funcionamento em estado estacionário da máquina, quedas de pressão negligenciáveis e a pureza do vapor refrigerante à saída do gerador é considerada como sendo de 99,6%.

A parte final é dedicada ao estudo da viabilidade termodinâmica do ciclo, que consiste em determinar os limites de funcionamento das máquinas de refrigeração por absorção com os diferentes pares de alcanos considerados, utilizando o software Aspen Plus.

O segundo capítulo é dedicado à interpretação dos resultados obtidos por simulação utilizando os programas Aspen Plus e Aspen Hysys. Com o software Aspen Hysys, foi possível efetuar um estudo detalhado do ciclo de absorção-difusão para cada binário de hidrocarbonetos e procurar a mistura com melhor desempenho para as condições de funcionamento estabelecidas, que neste caso é o propano/n-nonano.

Com base no estudo termodinâmico apresentado no capítulo anterior, modelámos os vários componentes da máquina e, em seguida, apresentámos os resultados detalhados da simulação, juntamente com uma discussão.

O cálculo do coeficiente de desempenho conduzirá à escolha da mistura com melhor desempenho, que foi tratada em pormenor através de um estudo paramétrico detalhado. O nosso trabalho foi validado por comparação com resultados experimentais e teóricos recentes da literatura.

No seguimento deste trabalho, e a fim de melhorar ainda mais o desempenho destes ciclos de absorção-difusão, propomos procurar outros pares de trabalho mais eficientes e respeitadores do ambiente que não tenham efeitos nocivos na camada de ozono,

Referências

[1] livro de engenharia ,https://www.techniques-ingenieur.fr/glossaire/machine- refrigeração

[2] Soli N., Zrelli A., Chaouachi B., Contribuição para o estudo de um ciclo de absorção por difusão operando com uma mistura de hidrocarbonetos ,2018.

[3] Overview of the History of Cold Production, INTERNATIONAL INSTITUTE OF REFRIGERATION,

[4] Srikhirin P., Aphornratana S., Chungpaibulpatana S. Uma revisão das tecnologias de refrigeração por absorção. Renewable & Sustainable Energy Reviews, Vol. 5, 2001, 343-372.

[5] Wang R., Li Y., Review perspectives for natural working fluids in china, International journal of refrigeration, Vol. 30, 2007, 568-581.

[6] Fan Y., Luo L., Souyri B., Revisão da tecnologia de refrigeração por absorção solar: Desenvolvimento e aplicações. Renewable and sustainable Energy Reviews, vol.11, 2007, 1758-1775.

[7] Sun J. , Fu L., Zhang S., Uma revisão dos fluidos de trabalho do ciclo de absorção. Renewable & Sustainable Energy Reviews, Vol. 16, 2012, 1899-1906.

[8] Alexis GODEFROY, Nathalie MAZET, tese de doutoramento, "Análise termodinâmica e desempenho dinâmico de ciclos híbridos que implicam processos de sorção",   2020, página 38-40

[9] Koyfman U. ,Jelinek M. ,Levy U.,Borde J., An experimental investigation of absorptiondiffusion cycle working with organic fluids, Applied Thermal Energy, Vol.23, 2003,1881-1894

[10]Karamangil M. ,Coskun S. ,Kaynakli O. Yamankaradeniz N. Um estudo de simulação da avaliação do desempenho do sistema de refrigeração por absorção de fase única utilizando fluidos de trabalho convencionais e alternativos. Renewable & Sustainable Energy Reviews, Vol. 14, 2010, 1969-1978.

[11]Rodríguez-Muñoz JL. , Belman-Flores JM., Revisão da tecnologia de refrigeração por difusão por absorção, Renewable & Sustainable Energy Reviews, Vol. 30 , 2014, 145153

[12] Zhen L. ,Yong L. . ,Huashan Li ,Xianbiao Bu ., Weibin M. , estudo do desempenho do ciclo de absorção-difusão trabalhando com mistura TFE-TEGDME, Building Energy, Vol.58 , 2013, 86-92

[13] Makhloul M., Kherris S., Chadouli R. e Asnoun A. Amélioration de la performance d'un cycle frigorifique à absorption-diffusion NH3-H2O-H2, Revue des Energies Renouvelables Vol. 12 N°2 (2009) 215 - 224

[14] Kherris M., Makhlouf S., Chadouli R., Asnoun A. Melhoria do desempenho de um ciclo de refrigeração por absorção-difusão NH3-H2O-H2. Revue des Energies Renouvelables 2009;12:215-24.

[15] Batoul B., kaabi A.N, khattib Y., Belhamri A., Gomri R. Tese: Estudo termodinâmico de misturas de refrigerantes e sua utilização em máquinas tritérmicas, 2012.

[16] Chekir N., Bellagi A. Separação no gerador de uma máquina de refrigeração por absorção: modelização termodinâmica, cálculo dos equilíbrios líquido-vapor e estudo do caso de misturas binárias de n-alcanos ,2000, 10-12

[17] Chekir N., Mejbri Kh. , Bellagi A., Simulation d'un refroidisseur à absorption fonctionnant avec des mélanges d'alcanes, Revue Internationale du Froid, Vol.29, 2006, 469-475

[18] Dardour H., Mhiri H., Gabsi S., Bellagi A, Etude des machines frigorifiques a absorption diffusion utilisant un mélange d'alcanes : étude systématique et modélisation rigoureuse de l'absorbeur ,2012 .

[19] Site do especialista em refrigeração ABC CLIM Autoempreendedor, url: https://www.abcclim.net/les- gwp-des-fluides.html, julho, 2017.

[20] Chaouachi B., tese de doutoramento, "Contribution à l'étude des cycles à absorption. Performances du mélange Chlorure de lithium - chlorure de magnésium, d'un générateur solaire et d'un échangeur multitubulaire" 1996, páginas 13-14.

[21] James M. Calm ,The next generation of refrigerants - Historical review, considerations

and outlook ,2008.

[22] Bolaji B., A escolha de refrigerantes amigos do ambiente e alternativas actuais em sistemas de refrigeração por compressão de vapor. Jornal de Ciência e Gestão, vol.1, 2011, 22-26.

[23] Sun J., Fu L. Zhang S. Uma revisão dos fluidos de trabalho do ciclo de absorção. Renovável

& Sustainable Energy Reviews, Vol. 16 , 2012, 1899-1906

[24] Von Platen. Patente do ciclo de absorção-difusão.

[25] Devecioglua A. G. , Oruça V. Caraterísticas de alguns refrigerantes de nova geração com baixo GWP. Energy Procedia 75 (2015) 1452 - 1457.

[26] K. Harby, Hydrocarbons and their mixtures as alternatives to environmentally

  unfriendlyhalogenatedrefrigerants   :   Anupdatedoverview

Renewable and Sustainable Energy Reviews 73 (2017) 1247-1264.

[27] Ben Ezzine N., Garma R. ,Bourouis M. , Bellagi A., Experimental studies on bubble pump operated light hydrocarbon diffusion absorption machine for solar cooling, renewable Energy, Vol. 35 , 2010, 464-470

Printed by Books on Demand GmbH, Norderstedt / Germany